Soziale und ökologische Rebound-Effekte nachhaltiger Stadtplanung in Hamburg. Für wen ist die „grüne" Stadt Hamburg?

Janik Horstmann

Bibliografische Information der Deutschen Nationalbibliothek:

Die Deutsche Nationalbibliothek verzeichnet diese Publikation in der Deutschen Nationalbibliografie; detaillierte bibliografische Daten sind im Internet über http://dnb.d-nb.de abrufbar.

ISBN: 9783346691163
Dieses Buch ist auch als E-Book erhältlich.

© GRIN Publishing GmbH
Nymphenburger Straße 86
80636 München

Druck und Bindung: Books on Demand GmbH, Norderstedt Germany
Gedruckt auf säurefreiem Papier aus verantwortungsvollen Quellen

Das vorliegende Werk wurde sorgfältig erarbeitet. Dennoch übernehmen Autoren und Verlag für die Richtigkeit von Angaben, Hinweisen, Links und Ratschlägen sowie eventuelle Druckfehler keine Haftung.

Das Buch bei GRIN: https://www.grin.com/document/1254367

Universität Hamburg
Fakultät für Wirtschaft- und Sozialwissenschaften
Fachbereich Sozialwissenschaften

Sommersemester: 2021
Seminartitel: Politische Ökonomie und Ökologie der Stadtentwicklung-Urban System Analysis
Modul: Wahlbereich (GEO-BASIS (V2) Basismodul)

Für Wen ist die „grüne" Stadt Hamburg?

Soziale und Ökologische Rebound-Effekte nachhaltiger Stadtplanung in Hamburg

Hausarbeit vorgelegt von:

Janik Horstmann
Hauptfach: M.A. Politikwissenschaft

Inhaltsverzeichnis

1. Einleitung

Die Aufmerksamkeit für den Zuwachs an Natur in urbanen Ballungsräumen nimmt weiterhin zu. Das urbane Jahrhundert, indem bis 2050 voraussichtlich bis zu 2,4 Milliarden Menschen mehr in Städten leben werden und globale Klima- und Umweltveränderungen dabei eine wichtige Rolle spielen. Klar ist, die Natur nimmt eine zentrale Rolle in unserer urbanen Zukunft ein. Längst werden städtische Begrünung und ökologische Widerstandsfähigkeit als internationale Marke angepriesen um als wert- und imagesteigernder Faktor im globalen Wettbewerb der Städte um die Ansiedlung von Bewohner:innen, Unternehmen und Beschäftigten, eingesetzt. Die Begrünung von Städten durch das Anlegen neuer Parks, Dachgärten oder das Pflanzen von Bäumen entlang der Straßen, trägt zweifellos zur Steigerung des Wohlbefindens bei und erhöht die Attraktivität von Freiräumen in Städten. Gleichzeitig sind Begrünungsstrategien Bestandteil von Stadterneuerung und Aufwertung, die sich als primär marktgetriebene Bemühungen an die Mittelschicht und höhere Einkommensgruppen richten, manchmal auf Kosten der weniger privilegierten Stadtbewohner:innen (Anguelovski et al. 2019: 1066). Im Fokus der Arbeit steht deshalb, die kritische Betrachtung der These „Green is (always) Good". Denn in der Diskussion und Bewertung von nachhaltiger Stadtplanung im städtischen Raum fehlt häufig eine genauere Analyse über die möglichen sozialen Auswirkungen, doch gerade diese sollten im Rahmen Begrünungsprojekten zentraler Bestandteil jener Diskussionen sein, um eine gerechte grüne Stadt zu ermöglichen. Mit Bezug auf die „Urban Political Ecology" und Studien zu „Green Gentrification" und „Urban Sustainability" wirft diese Arbeit einen kritischen Blick auf die Hansestadt Hamburg, die Umwelthauptstadt Europas 2011, die Grüne Stadt des Jahres 2021 und Deutschlands selbsternannter grünster Stadt, gemessen an der Einwohner:innen-Zahl. Die Analyse von Rebound-Effekten im Zusammenhang mit Umweltungleichheiten bei der städtischen Begrünung steht dabei im Mittelpunkt dieser Arbeit. Zunächst werde ich das „Green-Self-Branding", im Kontext von Post-Politisierung und Neoliberalisierung von Nachhaltigkeit, im Rahmen der Stadt Hamburg, einordnen. Anschließend werde ich Stadtplanungsprojekte in Hamburg bezogen auf die sozialräumlichen Dynamiken und Auswirkungen möglicher oder bereits bestehender „grüner" Gentrifizierung hin untersuchen. Ich hoffe so einen Ausgangspunkt, für eine umfassendere Analyse der „grünen" Stadt Hamburg mit dem Fokus auf die Stadtteile im Süden und Osten des Bezirks Hamburg-Mitte erarbeiten zu können. Entlang der aktuellen wissenschaftlichen Debatten zu „Green Gentrification" sollen Mechanismen, die so auch in Hamburg wirken identifiziert werden. Im abschließenden Teil der vorliegenden Arbeit sollen die Grenzen meiner Betrachtung dargelegt, die verfolgten Ansätze in einen größeren Kontext eingeordnet und weitere mögliche Schwerpunkte für die Analyse von Rebound-

Effekten im Zusammenhang mit sozialen und ökologischen Ungleichheiten besprochen werden.

2. „Urban Political Ecology" (UPE)

Die „Urbane Politische Ökologie" und ihre unterschiedlichen Ansätze zur Untersuchung von Urbanisierungsprozessen haben in den letzten Jahrzehnten großen Einfluss auf die Entwicklung der „Critical Urban Studies" genommen und zu einer stetig wachsenden Zahl an veröffentlichter Literatur in diesem Theoriefeld beigetragen (Angelo/Wachsmuth 2015: 16). Ausgangspunkt der „urbanen politischen Ökologie" war das Aufbrechen des traditionellen ontologischen Verständnisses von Städten auf der einen Seite und dem gegenüber der Natur. Statt der Dichotomie Gesellschaft/Natur wurde ein Theorierahmen vorgeschlagen, in dem die Stadt als Produkt von metabolischen und sozio-natürlichen Prozessen verstanden wird. Damit soll veranschaulicht werden, wie die Stadt und die Urbanisierung im Allgemeinen als ein Prozess der Deterritorialisierung und Re-Territorialisierung von metabolischen Kreislaufströmen betrachtet werden kann. Soziale und natürliche Verbindungen und Netzwerke von Stoffwechselprozessen prägen den urbanen Raum (Cook/Swyngedouw 2014: 177 f.).

Der Begriff „politische Ökologie" verbindet die Anliegen der Ökologie mit einer weit gefassten Definition von politischer Ökonomie. Zusammen erfasst dieses Feld die sich ständig verändernde Dialektik zwischen Gesellschaft und landbasierten Ressourcen, aber auch die, zwischen und innerhalb von Klassen und Gruppen, innerhalb einer Gesellschaft (Blaikie/Brookfield 1987: 17). Die politische Ökologie verstand sich als ein nicht-städtisches Forschungsfeld, indem es sich vor allem mit der Politik der Umweltzerstörung und Umweltsanierung in ländlichen und nicht-westlichen Gebieten beschäftigte. Die Stadt galt in den 80er und 90er Jahren des 20. Jahrhunderts in der populären und wissenschaftlichen Vorstellung als das genaue Gegenteil von „Umwelt", weshalb sich die politische Ökologie, ohne die urbane Umgebung in ihr Forschungsprogramm aufzunehmen, entwickelte (Angelo/ Wachsmuth 2015: 17 f.).

Der „neuere" Ansatz, Urbanisierung als politisch-ökologischen Prozess zu verstehen und damit die Reichweite der politischen Ökologie auf die Stadtforschung auszudehnen, geht auf Erik Swyngedouw (1996) zurück. Er verwendete den Neologismus der „Urban political ecology"(UPE) um theoretische Synergien zwischen politischer Ökonomie, politischer Ökologie und den Science and Technology Studies (STS) herzustellen. Er brach mit den traditionellen Binärsystemen in der politischen Ökologie, wie: Gesellschaft vs. Natur und diskursive vs. materielle Praktiken und verwendete stattdessen den Begriff „Sozionatur", um den bereits angesprochenen theoretischen Rahmen zu schaffen, in dem die Stadt als

Produkt von Stoffwechselprozessen sozio-natürlicher Transformation interpretiert wird (Angelo/Wachsmuth 2015: 18). Dadurch zerstörte Swingedouw ein Überbleibsel der Visionen der Chicago School mit Städten als soziale Welten analog zur Natur, mit ihrer Blindheit gegenüber den materiellen Wegen, in denen Natur, selbst in ihren offensichtlichsten grünen Formen, in die Produktion von urbanen sozialen Welten mit einbezogen ist (Angelo/Wachsmuth 2015: 18).

Mit dem daran anknüpfenden Konzept des „urbanen Metabolismus/Stoffwechsels" werden die begrifflichen, diskursiven, ideologischen sowie materiellen und biochemischen Konstellationen ungleicher Machtverhältnisse im urbanen Raum beschrieben. Die polit-ökonomischen und ökologischen Prozesse, die an einer ständigen Veränderung der urbanen menschlichen und nicht-menschlichen Assemblage und der Produktion sozio-ökologischer Ungleichheiten beteiligt sind, sollen damit erfasst und untersucht werden. Denn Urbanisierungsprozesse sind stark von Machtverhältnissen geprägt. Die gesellschaftlichen Akteur:innen versuchen ihre Umgebung, im Kontext von ethnischen, rassischen, geschlechtlichen und Klassen- Konflikten, zu verändern und zu verteidigen (Cook/ Swyngedouw 2014: 178 f.).

Die Idee von sozialen und ökologischen Stoffwechselprozessen hat die UPE-Forschung aus der marxistischen Forschung der letzten Jahrzehnte aufgenommen und weiterentwickelt. Marx´ entwickelte seine Argumentation zum sozialen und ökologischen Stoffwechsel für seine Kritik an der politischen Ökonomie, indem er den Arbeitsprozess selbst als metabolisch definierte: „Arbeit ist {…} ein Prozess zwischen Menschen und Natur, ein Prozess, durch den der Mensch {…} den Stoffwechsel zwischen ihm und der Natur vermittelt, reguliert und kontrolliert." (Marx 1976: 283). Eine solche Auffassung war zweiseitig zu verstehen. Es erfasst sowohl den sozialen Charakter der Arbeit, der mit einer solchen metabolischen Reproduktion verbunden ist, als auch seinen ökologischen Charakter, der eine kontinuierliche dialektische Beziehung zur Natur erfordert (Clark/ Foster 2010: 124). Für die UPE bedeutet das, das sozial getriebene materielle Prozesse, wie Urbanisierung kontinuierlich neue beabsichtigte oder unbeabsichtigte räumliche Ordnungen schaffen (Heynen et al. 2006b). Diese Perspektiven zeigen, wie Stadt, Natur und soziale Macht, mit sich ständig verändernden und zutiefst ungleichen Machtverhältnissen miteinander verschmilzen und Ungerechtigkeiten produziert werden. Sie helfen uns auch, kritisch über die Planung von Städten nachzudenken, die wir in Zukunft bewohnen wollen, die Art der politischen Kämpfe, in die wir uns einlassen müssen und welche Stoffwechsel diese urbanen Utopien ausmachen (Cook/Swyngedouw 2014: 179).

Wichtiger Bestandteil der Diskussion über den „urbanen Metabolismus/Stoffwechsel" sind die Arbeiten von David Harvey „Justice, Nature, and the Geography of Difference" (1996) und Neil Smiths` (2008) These zur Produktion der Natur. Entlang der marxistischen Logik der genannten Autor:innen entwickelte sich die UPE neben der Environmental Justice Bewegung als das Theoriefeld, dass Ungerechtigkeit und Ungleichheit in ihren Fokus rückt. Ziel war es ein Verständnis dafür zu schaffen, wie die metaphorische Darstellung von urbanen Metabolization bzw. Stoffwechselprozessen einen geeigneten ontologischen Pfad darstellt um die Dualismen, die zu einer sich im Kreis drehenden Diskussion über „Nature and Society" führten, zu umgehen. Mit dem Ansatz des urbanen Metabolismus gelingt es die zunehmende Anzahl an Entitäten, die innerhalb des sozio-natürlichen urbanen Prozesses, in Wechselbeziehungen zueinanderstehen stehen und der daraus resultierenden ungleichen Struktur und Ausgestaltung des urbanen Raums zu fassen und zu untersuchen. Dabei stellt sich der urbane Metabolismus als dynamischer Prozess dar, durch den neue sozialräumliche Formationen, Materialverflechtungen und kollaborative Netze sozialer Natur entstehen. Demnach entsteht Urbanität beziehungsweise der urbane Raum gleichermaßen durch menschliche Arbeit als auch nicht-menschliche Prozesse (Tzaninis et al. 2021: 231 f.).

Für die Untersuchung von Umweltfragen in Städten hat die „Urban Political Ecology" (Bakker, 2013; Budds 2009; Loftus 2007; Smith 2001; Swyngedouw 1996, 1997, 1999, 2004; Swyngedouw et al. 2002) in der Vergangenheit hervorragende Arbeit geleistet. Sie bietet mit ihrer urbanisierten Analyse von Ressourcenflüssen und Umweltkämpfen die zurzeit relevantesten und anschlussfähigsten Ansätze zur Untersuchung der zeitgenössischen grünen Stadt. Die grüne bzw. nachhaltige Stadt nimmt im globalen Norden aber auch in Teilen des globalen Südens, angesichts der zunehmenden Angst vor globaler Erwärmung und Umweltkatastrophen, seit einigen Jahren eine führende Rolle in Stadtplanung und politischem Diskurs ein.   Der Aufstieg von „Urban Sustainability" als Diskussion im politischen Diskurs und Konzept im akademischen Bereich hat innerhalb der UPE Studies und darüber hinaus zu neuen wissenschaftlichen Herangehensweisen geführt. Unter verschiedenen Begrifflichkeiten wie Greening, Green Boosterism, urban green turn, urban greening interventions, werden theoretische Ansätze und Forschungsdesign-Ansätze eingeführt, um die sozialräumlichen Dynamiken und Auswirkungen von sogenannter „grüner" Gentrifizierung zu untersuchen (Anguelovski et al. 2019; Haase et al. 2017; García-Lamarca et al. 2021; Blok 2020). Die Studien folgen dabei im Grunde Erik Swyngedouws Verständnis als auch Interpretation von Urban Sustainability als Teil eines umfassenderen Prozesses der Neoliberalisierung, in dem eine marktgeleitete wirtschaftliche Entwicklung Vorrang vor ökologischer oder sozialer Gerechtigkeit hat (Heynen et al 2006b) (Cook/Swyngedouw 2014: 169). Deshalb besteht ein Ziel darin zu verstehen, wie Ungleichheit in den Prozess der Urbanisierung und Metabolisierung der Natur eingebunden ist. Denn die Neoliberalisierung der Nachhaltigkeit und die damit verbundene Vernachlässigung sozialer Gerechtigkeit geht Hand in Hand mit dem Konzept der ökologischen Modernisierung, indem ein grüner Kapitalismus propagiert wird, der eine Reduzierung der Umweltverschmutzung durch Unternehmen vorsieht, in dem alte

Produktionstechniken durch ökologischere ersetzt werden sollen. Die soll mit dem gleichbleibenden Ziel geschehen, die wirtschaftliche Entwicklung aufrecht zu erhalten und weiter voranzutreiben, denn diese hat weiterhin Priorität (Harvey 19996) (Cook/ Swyngedouw 2014: 173). Darum ist es ein wichtiges Anliegen die oft kaum hinterfragte These von „Green is good" auf die Probe zu stellen. Urbane Ökologisierungsprogramme werden oft als positiv, konsensual, unpolitisch und design-orientiert formuliert. Bei der Konzeption solcher Projekte sind soziale Verwundbarkeiten meist nur ein Randthema. Planungsdiskussionen werden stark eingegrenzt um Ziele einer Kombination von städtischer Begrünung, wirtschaftlicher Neuentwicklung und Umweltgerechtigkeit bewusst zu vermeiden. Vielmehr sind „Greening Interventions" als Dreh- und Angelpunkt für Großinvestitionen und High-end Immobilien zu verstehen (Quastel 2009). Folge davon ist, dass Minderheiten und Einkommensschwache Gruppen aus urbanen Ballungsräumen, den Städten, verdrängt werden (Dooling 2009) (Anguelovski et al. 2019. 1065).

Im Metabolismus der Stadt ist es nicht immer leicht, die etwas versteckten ausbeuterischen gesellschaftlichen Verhältnisse zu erkennen, nicht zuletzt wegen der weit verbreiteten Fetischisierung der Waren im Kapitalismus (Swyngedouw 2006). Dies ist besonders bei den selbsternannten "nachhaltigen" Städten und ihren städtebaulichen Projekten der Fall, so Cooks und Swyngedouws Argumentation. Hier gehen der Versuch „grüner" Kapitalakkumulation häufig mit der versteckten Ausbeutung von Menschen und Ökologien innerhalb und außerhalb der Stadt einher (Cook/Swyngedouw 2014: 180).

3. Nachhaltige Stadtplanung und Begrünungsstrategien in Hamburg

So wie nahezu alle Städte im globalen Norden unterliegt auch Hamburg einem De-Industrialisierungsprozess, der ein großes Maß an sichtbarer Veränderung in der Stadtlandschaft mit sich bringt. So entstanden in den letzten Jahren Städtebauprojekte, wie die Hafen-City, die mit der Fertigstellung des Elbtowers 2025 zu einem Abschluss kommen soll. (NDR 2021) Südlich der Hafen-City entsteht ein neuer Stadtteil der „Grasbrook". Das bisher abgeschottete Hafengebiet mit leer gezogenen Lagerhallen und einigen kaum genutzten Hafenbecken soll ein grüner Stadtteil zum Wohnen und Arbeiten werden. (Grasbrook.de 2021) Mit dem Projekt „der Billebogen"[1] soll der Stadtraum im westlichen Teil des Stadtteils Rothenburgsort zwischen der HafenCity im Westen und Hamburgs zweitgrößtem Industriegebiet nach dem Hamburger Hafen Billbrook im Osten, als „ein zentraler Chancenraum für Urbane Produktion und Gewerbe im 21. Jahrhundert" umgestaltet und damit aufgewertet werden. Neben Gewerbe- und Bürogebäuden soll auch Wohnraum geschaffen werden. (billebogen.de 2021) Auch der Industriestandort Billbrook,

---

[1] Der Billebogen verdankt seinen Namen seiner geschwungenen Lage zwischen Elbe und Bille

im zentralen Osten der Stadt gelegen, soll einer nachhaltigen Transformation unterzogen werden. (Witte 2021) Im von Industrie geprägten Süden und Osten der Innenstadt wird in den nächsten Jahren eine städtebauliche Transformation stattfinden, die für Besucher:innen, Neu-Bürger:innen und Alteingesessene Hanseat:innen nicht zu übersehen sein wird. Eine maßgebliche Triebfeder in dem Veränderungsprozess spielt der ungebrochene Zuzug in die Hansestadt, aber auch Klimaschutz und die Schaffung von mehr Grün- und Freiflächen setzen Akzente innerhalb des Veränderungsprozesses.

Einige der genannten Projekte finden sich im Konzept „Stromaufwärts an Elbe und Bille – Wohnen und urbane Produktion in Hamburg Ost", der Behörde für Stadtentwicklung und Umwelt und dem Bezirksamt Hamburg-Mitte aus dem Oktober 2014, wieder. Teil des Konzeptes ist es bestehende Frei- und Grünflächen auszuweiten und zu verbinden um ein grünes Netz, „dass die Stadtquartiere durchzieht" zu erschaffen. (Stromaufwärts an Bille und Elbe 2014) Ein Teilprojekt, das 2019 ins Leben gerufen wurde ist das Projekt „PARKS". Es ist Bestandteil des geplanten Alster-Bille-Elbe-Grünzuges[2], der sich von der Alster über St. Georg, Hammerbrook und Rothenburgsort bis zu den Elbbrücken ziehen soll. Ziel der Behörde für Umwelt und Energie ist ein durchgängiger Grünzug von der Außenalster über die Bille bis zum Elbpark Entenwerder. Schon vor über 20 Jahren hatte die Bürgerschaft beschlossen, dass der „Alster-Bille-Elbe Grünzug" ein wichtiges Grün- und Stadtentwicklungspolitisches Projekt ist und so wurde es bereits 1997 im Flächennutzungsplan und Landschaftsprogramm verankert. Teile davon, wie der Lohmühlengrünzug, sowie der Abschnitt zwischen Süderstraße und Billstraße und der Elbpark Entenwerder, wurden bereits in der Vergangenheit hergerichtet. (alster-bille-elbe-parks.hamburg.de 2021) Als Teil der Alster-Bille-Elbe PARKS steht momentan der alte Recyclinghof am Bullerdeich in Hammerbrook im Fokus der Aufmerksamkeit. Hier hat die Stadt urbanes Industriebrachland zur Zwischennutzung freigegeben, um gemeinsam mit ortsansässigen Initiativen, Kulturvereinen und Architekturbüros herauszufinden wie Parks in der Zukunft aussehen können. Dafür bekommen Anwohner:innen die Möglichkeit die Flächen auf dem alten Recyclinghof zu bespielen und zu begrünen. Der Umweltsenator der Hansestadt Hamburg Jens Kerstan möchte dadurch, „dass Hamburg noch grüner wird und von diesem Grün viele Hamburgerinnen und Hamburger profitieren." (kiekmo.hamburg.de 2019)

---

[2] Das grüne Band beginnt an der Außenalster, verläuft durch den Lohmühlengrünzug in St. Georg über die Berlinertordamm-Brücke durch die Parkanlage an der Borgfelder Allee bis zum Anckelmannplatz. Im zentralen Abschnitt an der Bille entsteht auf der gesamten Länge eine neue Parkanlage mit weiträumigem Blick auf den breiten Kanal, das sogenannte Hochwasserbassin. Der Sprung über die Bille endet im Elbpark Entenwerder an der Elbe.

3.1 Betreibt Hamburg „Green-Self-Branding" als Standortmarketing?

Hamburg bezeichnet sich wie viele andere Städte auch als die lebenswerteste grüne Stadt, um im aktuellen Trend des kompetitiven Urbanismus Investitionen für sich zu gewinnen und das kreative Milieu anzuziehen. Wie bereits in der Einleitung kurz angesprochen, kann Hamburg auf einige externe Auszeichnungen für das eigene „Green Branding" zurückgreifen. So hat Hamburg in diesem Jahr erst den Nachhaltigkeitspreis als Grüne Stadt des Jahres 2021 gewonnen. Verliehen vom europäischen Zentrum für Architektur, Kunstdesign und Stadtforschung und dem Chicago Athenaeum Museum wurde Hamburg im selben Jahr mit dem Green Good Design Award 2021 geehrt. Die Auszeichnung bestätigt Hamburg eine Vorreiterrolle in der nachhaltigen Stadtplanung. Hervorgehoben werden dabei unter anderem die HafenCity mit effizienten und klimaverträglichen Stadtstrukturen für eine bessere Zukunft, sowie das „Grüne Netz Hamburg"[3]. (europeanarch.eu 2021) Mit dem Slogan „Take nothing but pictures, leave nothing but footprints." bewirbt die Stadt ihre innerstädtischen Wald- und Grünflächen und wird nach eigenen Angaben jedes Jahr etwas grüner. (hamburgportal.de 2021) Der grünen Hafenstadt wird attestiert erfolgreich Industrie und Grün zu kombinieren und somit für umweltfreundliches Wachstum zu stehen, das mit Klimaschutzkonzepten, sowie Klimaanpassungs- und Forschungsprogrammen im Einklang steht. Städtebauliche Projekte wie die zu Beginn genannten werden als technologisch fortgeschritten, als umweltverträglich und zusätzlich als Katalysatoren für ökonomisches Wachstum präsentiert. (ec.europa.eu 2011) Im Fokus der Projekte stehen vor allem Designprinzipien, die eine kompakte und fußläufige Stadt durch einen „mixed-use"-Ansatz, also einer Mischung aus, Arbeiten und Wohnen, ermöglichen wollen. Fragen der sozialen Gerechtigkeit, sind für diejenigen, die städtische Nachhaltigkeitskonzepte entwerfen und umsetzen oft ein Randthema. (In der Kommunikation zu den genannten Projekten und im Strategieplan „Stromaufwärts an Elbe und Bille" werden die „bereits hier lebenden Menschen" genannt verknüpft mit dem Versprechen, dass auch sie von den Maßnahmen profitieren werden. Bürger:innen-Beteiligung ist auch bei nahezu allen Projekten Teil der Planungen und Umsetzung. Dennoch ist ein starker Design- und Nachhaltigkeitsfokus nicht von der Hand zu weisen.

Der Aufstieg von „Urban Sustainability" und „Unsustainability" hat gleichermaßen zu einer wachsenden Nachhaltigkeitsindustrie beigetragen und wird von ihr in ihrer Umsetzung maßgeblich mitgeprägt. Unzählige Nachhaltigkeitsexperten sind einerseits daran beteiligt, Nachhaltigkeit zu messen und andererseits nachhaltige Alternativen zu erfinden und zu fördern. Im Zusammenspiel von Behörden, Wissenschaftler:innen und Berater:innen werden Kataloge erarbeitet die mit Hilfe von Nachhaltigkeitsindikatoren, Benchmarks und Nachhaltigkeits-Ranglisten, die Nachhaltigkeit von Menschen, Orten und Organisationen messen. Der Vergleich von Städten mit anderen Städten entlang von

---

[3] Ein Ziel des Hamburger Landschaftsprogramms ist die Verknüpfung von Parkanlagen, Spiel- und Sportflächen, Kleingartenanlagen und Friedhöfen durch breite Grünzüge oder schmalere Grünverbindungen zu einem grünen Netz.

Nachhaltigkeitsindikatoren ist zu einem großen Businesszwei herangewachsen, das großen Einfluss auf die Stadtplanung hat und oft die Grundlage für das sogenannte „Green-Self-Branding" liefert. Die Marke einer grünen Stadt hat zwei Vorteile: Zum einen steht sie für die Vision von mehr städtischer Umweltpolitik. Zum anderen wird die Entwicklung städtischer Umweltqualitäten genutzt, um Marktvorteile gegenüber anderen Standorten zu erlangen. Hamburg versucht, wie auch bei den nachhaltigen Vorreiterstädten Kopenhagen und Malmö zu beobachten, die städtischen Umweltverbesserungen mit Wirtschaftswachstum zu kombinieren, um sich erfolgreich zu vermarkten. Die grüne Stadt als Marke fungiert dabei innerhalb des vorherrschenden neoliberalen urbanen Rahmens für Governance, weshalb es umso wichtiger ist, genau zu beobachten welche Rebound-Effekte marktgetriebene nachhaltige Stadtplanungsprogramme auslösen und wer darunter leidet.

In einer quantitativen Studie haben García-Lamarca et al. (2021) die Beziehung zwischen Green-Self-Branding und der finanziellen Erschwinglichkeit einer Stadt, das heißt Lebenshaltungskosten plus Mietpreisindex in 88 Städten in den USA, Kanada und Westeuropa untersucht. Darin wird die Stadt Hamburg bezüglich ihrer Intensität und Dauer der Nachhaltigkeitsrhetorik seit 1990 im Verhältnis zu den Lebenshaltungskosten mit einer moderaten Intensität aber einer schon langanhaltenden „grünen" Rhetorik bewertet. Dieses grüne Marketing steht im Verhältnis zu moderat hohen Lebenshaltungskosten, auf einem Level mit München und Brüssel, aber deutlich hinter Amsterdam, Zürich und Kopenhagen. Sich als grüne Stadt zu verkaufen ist demnach auch für Hamburg ein Baustein, die Stadt attraktiver und damit auch teurer zu machen, denn wie die Ergebnisse dieser Studie zeigen, sind Städte mit hoher Rhetorik über einen langen Zeitraum tendenziell weniger erschwinglich als diejenigen mit der geringsten Rhetorik. Green-Self-Branding in Kombination mit den entsprechenden Aufwertungen des städtischen Raums führen zumeist zu steigenden Lebenshaltungskosten. Diese Veränderungen innerhalb einer Stadt sind meist nicht (sozial-)gerecht verteilt, da einkommensschwächere Bevölkerungsgruppen, durch die steigenden Lebenshaltungskosten stärker belastet werden (García-Lamarca et al. 2021).

3.2 Soziale und Ökologische Rebound-Effekte in Hammerbrook?

„Grüne Gentrifizierung" in Hamburg ist angesichts der genannten städtebaulichen Projekte eine angebrachte Befürchtung. Hier ist das Nordhavn-Projekt in Kopenhagen ein gutes Beispiel. Während der Planung und Umsetzung gab es wenig Diskussionen bezogen auf soziökonomische und Verteilungs- und Gerechtigkeitsfragen. Der Stadtteil Nordhavn ist zu einer emissionsarmen Enklave für die reichen Bürger:innen der Stadt geworden. Der durchschnittliche Mietpreis ist höher als andernorts in Kopenhagen. Dieses Beispiel zeigt, wie grüne Gentrifizierung in der Praxis aussieht, Anders Blok bezeichnet es darüber hinaus sogar als „low-carbon-gentrification": an ehemals industriell genutzten Standorten in innerstädtischen Lagen sind „Urban Greening Interventions" und „Green Gentrification" im Kontext der Wachstumspolitik, zu beobachten. Die Wechselwirkungen von sozialer (Un)Gerechtigkeit, Umweltverbesserungen und Wachstumsprozessen führen meist zu einem alleinigen Fokus auf ökonomische und ökologische Ziele, welcher mit einer Vernachlässigung von sozialen Gerechtigkeitsaspekten der geplanten Projekte einhergeht. Diese Erfahrungen hat auch Hamburg mit der Hafen-City gemacht. Mit dem Blick auf die anstehenden städtebaulichen Projekte im zentralen Hamburger Süd-Osten, soll auf mögliche Mechanismen und Risiken der grünen Gentrifizierung, in diesen Stadtteilen, hingewiesen werden.

Die betrachteten Stadtteile liegen zentrumsnah, sind geprägt von ihrer Lage am Wasser, ihrer industriellen Vergangenheit und Gegenwart. Die Jahreseinkommen der Bewohner:innen dieser Stadtteile (Hammerbrook, Kleiner Grasbrook und Rothenburgsort) liegen weit unter dem Hamburger Durchschnitt. Im Osten und Süden des Bezirks-Mitte liegen definitiv die einkommensschwächeren Quartiere, der Hansestadt. Die Frage nach den sozialen Rebound-Effekten der anstehenden Projekte, also nach verstärkenden Tendenzen hin zu mehr Ungleichheit und Ausgrenzung, sind an diesen Orten unerlässlich und machen eine genauere Beobachtung der Entwicklungen notwendig.

Der Bau des Elbtowers ganz im Osten der HafenCity, soll laut dem Chef der städtischen Hafencity GMbH eine Verbindung zwischen Hafencity und Graasbrook schaffen. Die HafenCity GmbH ist auch für die Entwicklung des Graasbrook zuständig. Der Elbtower wird nicht nur die Hafencity und den Graasbrook verändern, er wird voraussichtlich auch den benachbarten Stadtteil Hammerbrook verändern. Die Befürchtung sind steigende Mieten. Im Zusammenspiel mit dem geplanten Grünzug von der Alster (Lohmühlenpark) über die Bille (Hochwasserbassin und alter Recyclinghof) bis zum Elbpark Entenwerder wird die Umgebung weiter aufgewertet. Die Kombination aus innerstädtischer Lage, neu geschaffenem Wohnraum und weitreichenden Begrünungsstrategien lässt diese Gegend für gebildete und einkommensstarke potenzielle Bewohner:innen attraktiver werden. Einkommensschwächere Bürger:innen werden in weniger zentrale und weniger begrünte Viertel verdrängt. Das ist das Ergebnis eines umgekehrten Suburbanisierungsprozesses, bei dem die Industrie weitgehend aus den Städten verschwindet. Die Mittelschicht, die einst aus der verseuchten städtischen Umwelt in die Vororte gezogen ist, verdrängt dann die Bevölkerungsgruppen mit niedrigem Einkommen, die damals mit den Folgen der industriellen Urbanisierung alleingelassen wurde. Angesichts des Prozesses der umgekehrten Suburbanisierung stellt sich bezogen auf die Stadtteile Hammerbrook, Kleiner Graasbrook und Rothenburgsort die Frage, welche Interessen mit den Projekten bedient werden sollen, ob die einzelnen Stadtteilpropjekte und ihre Rebound-Effekte auch für benachbarte Stadtteile ausreichend mitgedacht werden? Welche Rolle die Behörden und die Bewohner:innen einnehmen, oder ob die marktgetriebene grüne Transformation der Stadt zu mehr High-End Real Estate im Süd-Osten von Hamburgs-Mitte führt?

4. Konklusion: Führt Urban Greening in Hamburg zu mehr sozialen und ökologischen Ungleichheiten?

Zusammenfassend lässt sich sagen, dass die Mechanismen für eine grüne Gentrifizierung in den Stadtteilen Hammerbrook, Billbrook und Rothenburgsort, sowie Billwerder durchaus gegeben sind. Betrachtet man die geplanten und teilweise bereits durchgeführten Veränderungen im Osten und Süden des Bezirks-Mitte als Ganzes und in Verbindung miteinander, so wird klar, dass die Stadtteile sich mit den sozialen Gerechtigkeitsfragen, die damit zwangsläufig auf sie zukommen werden, auseinandersetzen und beschäftigen müssen. Die in dieser Arbeit behandelte These „Green is (always) good" wird auch hier weiterhin zur Debatte stehen. Ein Beitrag dazu ist mit dieser Arbeit geleistet worden. Ein wichtiger Ansatz zur Untersuchung von Rebound-Effekten grüner und nachhaltiger Stadtplanung im Hamburger Kontext könnte eine genauere Betrachtung der Finanzierungsmodelle für die Stadtentwicklung darstellen, die häufig darauf ausgerichtet ist, durch Begrünungsstrategien einen höheren wirtschaftlichen Wert des städtischen Raums zu erzielen.

Da, wie in der Arbeit gezeigt, „Green-Self-Branding" auch Rebound-Effekte auslöst und in der Folge Gentrifizierung begünstigt, findet sich auch hier Potenzial für weitreichendere Untersuchungen. Denn „Greening" stellt zunehmend ein Kommunikations- und Verkaufsinstrument für Städte dar, was in der Realität zunehmend zu einem Tool für Finanzierung und Monetarisierung von Mietpreisspekulationen genutzt wird. Weiterführend ist im Sinne des „planetary urbanization"-Ansatzes eine Ausweitung der Untersuchungen zu Rebound-Effekten auch außerhalb der Stadtgrenzen bis hin in den globalen Süden unausweichlich. Die Vernetzung der Städte weltweit, die ökonomischen und ökologischen Ungleichheiten zwischen Städten im globalen Norden und im globalen Süden, Migration, die Klimakrise all das macht eine Stadtforschung-Planung und damit insbesondere das Erforschen sozialer (Un)Gerechtigkeitsstrukturen innerhalb dieser notwendig.

Weitere Untersuchungen, die den Rahmen dieser Arbeit sprengen würden, welche jedoch in diesem Bereich ergänzende Ergebnisse liefern würden, wäre die empirische Erhebung der soziodemografischen Daten des neu entstehenden Wohnviertels „Graasbrook". Die vorliegende Arbeit hat sich hauptsächlich mit der sozialen Verdrängung aus zentralen Stadtteilen von Bürger:innen aus unteren Schichten durch die beschriebenen Mechanismen auseinandergesetzt. Ein ergänzender und zugleich erweiternder Aspekt in Hinblick auf die soziale Gerechtigkeit innerhalb der Stadtplanung wäre jener, den eine Forschung rund um das neu entstehende Wohnviertel „Graasbrook" darstellen könnte. Da es sich um ein komplett neu geplantes und entstehendes Viertel handelt, werden hier keine Verdrängungen bestimmter sozial schwächerer Schichten beobachtbar sein, jedoch kann hier die Exklusivität der geplanten Wohnungen genauer in den Fokus der Forschung gerückt werden. Dahingehend ist beispielsweise spannend wie hoch der Anteil „sozialen Wohnungsbaus", d.h. Wohnungen, die staatlich subventioniert werden, ist. Auch „grüne" Anreize innerhalb der architektonischen Pläne des Viertels „Graasbrook" sollten hierbei eingesehen werden und in Hinblick auf die zukünftigen Anwohner:innen und deren Interessen mit einbezogen werden.

5. Literaturverzeichnis

Angelo, H.; Wachsmuth, D. (2015): Urbanizing Urban Political Ecology: A Critique of Methodological Cityism. In: *International Journal of Urban Regional Research Nr.* 39 (1), S. 16-27.

Anguelovski, I.; Connolly, J. J. T.; Garcia-Lamarca, Melissa; Cole, Helen; Pearsall, Hamil (2019): New scholarly pathways on green gentrification: What does the urban 'green turn' mean and where is it going? In: *Progress in Human Geography Nr.* 43 (6), S. 1064-1086.

Cook, I. R.; Swyngedouw, E. (2014): Cities, Nature and Sustainability. Sage, London.

Harvey, D. (2013): Rebellische Städte: Suhrkamp Verlag, Berlin.

Heynen, N. (2014): Urban political ecology I. In: *Progress in Human Geography Nr.* 38 (4), S. 598-604.

Heynen, N. (2016): Urban political ecology II. In: *Progress in Human Geography* Nr. 40 (6), S. 839-845.

Heynen, Ni. (2018): Urban political ecology III. In: *Progress in Human Geography Nr.* 42 (3), S. 446-452.

Scott, A. J.; Storper, Michael (2015): The Nature of Cities: The Scope and Limits of Urban Theory. In: *International Journal of Urban Regional Nr.* 39 (1), S. 1-15.

Tzaninis, Y.; Mandler, T.; Kaika, M.; Keil, R. (2021): Moving urban political ecology beyond the 'urbanization of nature'. In: *Progress in Human Geography Nr.* 45 (2), S. 229-252.

Weblinks

http://www.alster-bille-elbe-parks.hamburg/beteiligte/

https://billebogen.de/urbane-transformation/

https://www.europeanarch.eu/city-of-hamburg-wins-good-design-award-as-the-2021-green-city-of-the-year.html

https://www.grasbrook.de/projekt-ueberblick/

https://www.hamburg.com/residents/green/13882184/quiet-hamburg/

https://www.hamburgportal.de/die-stadt-hamburg/stadtteile/hamburg-ist-deutschlands-gruenste-stadt/

https://ec.europa.eu/environment/europeangreencapital/wp-content/uploads/2011/04/Hamburg_DE_LowResolution_DE-new1.pdf

https://epub.sub.uni-hamburg.de/epub/volltexte/2017/70570/pdf/do_broschuere_low.pdf

https://epub.sub.uni-hamburg.de/epub/volltexte/2015/37328/pdf/d_stromaufwaerts.pdf

https://kiekmo.hamburg/artikel/stadt-verkehr/hamburgs-neue-urbane-gaerten-die-alster-bille-elbe-parks

https://www.mopo.de/hamburg/politik/fuer-55-millionen-euro--hamburg-baut-mega-park-zwischen-alster-und-elbe-36183836/

https://www.ndr.de/nachrichten/hamburg/Elbtower-Kritik-und-Nutzen-zu-Hamburgs-Mega-Bauprojekt,elbtower166.html

https://www.welt.de/regionales/hamburg/article231592347/Stadtentwicklung-Billbrook-soll-nicht-laenger-der-Schrottplatz-der-Stadt-sein.html